U0336642

安全第一

给孩子的**24**个安全自护锦囊

宋辰　王澍 **编绘**

中国法制出版社

CHINA LEGAL PUBLISHING HOUSE

前　言
PREFACE

那是在许多年以前了。

那个时候，我还没有加入"凯叔讲故事"团队，还是个像风一样自由的漫画家，过着画漫画换面包的撰稿人生活。

一个星期三下午，我正坐在快餐店里，一边喝可乐，一边画着《妖怪山》的四格漫画——我当时在《法制晚报》上画的连载漫画。

突然电话响了，我拿起来一看，是《我们爱科学》杂志的编辑王澍老师。

插播一句：王澍那时刚刚毕业，是一位很有干劲儿的年轻编辑。从电话中得知：《我们爱科学》打算每月增加一期，内容将以科普漫画为主；编辑部希望为孩子准备一个用漫画来讲述安全知识的栏目。

"你来画怎么样？"

"好啊！"我爽快地答应了。毕竟，像风一样自由的漫画家，也经常像风一样缺钱。这下又能多点儿收入，我当然开心！

我看了看自己正在画着的《妖怪山》，就和王澍商量：

"我想用《妖怪山》里的角色来画这个专栏，可以吗？"

"当然可以！但一定要画得好玩儿！"

一个做安全知识教育的专栏，要好玩儿？

当然，专栏的首要任务，是让孩子了解安全常识，学会保护自己。

但是，如果只说教，不好玩儿，哪个孩子会爱看？不爱看，不想看，也就谈不上学知识了。

"我试试吧！"虽然画搞笑漫画是我多年的日常，但如果要兼顾教育功能，当时我心里还是有点儿没底的。尤其是遇到画自然灾难的时候，我脑海中会不由自主地出现各种灾难中人们艰难求生的场景，在这种情绪下，很难画得有趣。

好玩有趣，但是不能恶搞，要保持对生命的尊重，要让孩子们切实学习到有用的知识，这是在画这套小漫画时，我时常去思考的事情。

众多喜剧手法中，我用得最多的是错位——把孩子们可能遭遇的安全问题，换到妖怪们身上，这让情节变得好玩儿有了一些发挥空间。

接下这个项目后的几年时间里，每个月初，王澍老师都会把这期要做的安全知识点发给我。我面对着各种"不要……""不可以……""不能……"的知识点，好像老父亲的谆谆教导，开始绞尽脑汁把这些事安到性格各异的妖怪们身上；还有一些，则是利用了动物自身的特点来做错位喜剧，我经常喜欢用诸如大象、长颈鹿这样特征非常明显的动物。妖怪和动物们在这个系列里也算倒尽了霉——由衷感谢他们为帮助孩子们学习安全知识所做出的贡献。

创作的过程中，我非常注意不去设计一些过于夸张的情节或者画面，以免对小读者造成误导。尤其是对于一些安全知识特别重要的地方，我没有刻意去搞笑，而只是用漫画相对规矩地呈现了安全知识本身。

毕竟，普及安全知识，才是这部作品的终极目标。

后来，这套漫画连载结束了。

再后来，我放下画笔，改行做了一名儿童故事产品创作者。

再再后来，我加入"凯叔讲故事"，在给孩子们制作科普故事产品时，我又想起了这套漫画。

感谢画这套漫画期间，我和王澍老师进行过的探讨，感谢我们共同进行的关于知

识和趣味相结合的探索。

正因为有了这些探索，我主导策划《神奇图书馆》《口袋神探》等故事的时候，才能更好地确定和把握知识性与趣味性的边界，也才能保证了"凯叔讲故事"这几个产品的成功。

2023年初，已经离开漫画界多年的我，接到了"老编辑"王澍老师的电话，得知了这套漫画书即将出版的消息，这实在是个大大的惊喜！

感谢中国法制出版社，感谢赵宏老师、陈晓冉老师为这套书付出的心血。在这套书的编辑出版过程中，因为有赵老师和陈老师的督促，我又拿起了多年未碰的画笔。

这才想起来，我也曾经是一个像风一样自由的漫画家。

由衷希望这套小小的漫画书，能让看到它的孩子开心，能真正帮助到孩子的生活。

宋 辰

2023年6月18日

主要人物介绍

蓝班长

　　妖怪小学五年级三班的班长，蓝皮肤的胖妖怪。为人有点小气，爱指挥同学，处处以班里的老大自居。但是他本性善良，愿意帮助其他妖怪同学。很忌讳"胖"和"矮"两个字。

小牛

　　妖怪小学五年级三班的学生，自称祖先是牛魔王。小牛同学力气大、热心肠、为人实在，就是有时候脑筋有点转不过弯儿。

小马

　　小马同学考试经常得 100 分，在班里表现积极，是老师、家长眼里的好小妖怪，就是有点儿没主见，总爱跟在班长身边跑前跑后。

主要人物介绍

狐狸

天真可爱的狐狸同学经常会干出些"出人意料"的事情来。平时上下学喜欢和小青同学一起。又因为脑筋爱短路，也和脑筋不转弯儿的小牛同学很聊得来。

小青

小青同学虽然还在妖怪小学上学，但据说已经有一千岁了。作为五年级三班最冷静的女生，小青同学无论遇到什么情况都能保持从容优雅。

猫王

妖怪小学五年级四班的班长，和五年级三班的蓝班长是死对头，经常琢磨怎么把三班的小妖怪们比下去。但是运气不太好，经常倒点小霉。

英熊

妖怪小学五年级四班的学生，猫王班长的死党。

目 录
CONTENTS

目 录 ツ

校 园 安 全

居 家 安 全

目 录 ⌣

出行安全

目 录 ☺

运 动 玩 耍

目录 ☺

公 共 安 全

避险自救

地震来了怎么办

➡ **地震来时你在学校怎么办**

如果来得及逃出教室，要听从老师的指挥，有秩序地快速跑到户外开阔场地去。

如果来不及逃出教室，要快速躲到课桌下，并用书包等物品护住头部。

等地震过去后，在老师的带领下有组织地快速疏散。同学之间要互相帮助。

如果在操场上活动时遇到地震，可以就地蹲下，千万不要跑回教室。

➡ 地震来时你在家中怎么办

如果来不及跑到室外安全的地方，要尽快在家中选好避震地点。

可用脸盆、被褥等物品护住头部。卫生间是很好的避震地点。这里空间小，支撑物多，可以形成较大的空间用来躲藏。

如果来不及跑到卫生间，可以躲在承重墙墙角，或者结实的家具底下。

不要躲在窗户旁边，以免被震碎的玻璃划伤。

不要躲进厨房，那里有天然气管道、刀具、餐具等，容易发生意外。

不要躲在阳台，因为强烈的震动可能把人甩出去。

如果住在高层，千万不要跳楼逃生，会摔伤的！

不要乘坐电梯逃生，地震时容易停电，会被困在电梯里。如果被困在电梯里，应该抱头蹲下，抓牢扶手。

➡ 地震来时你在户外怎么办

如果在开阔地带，可以原地蹲下。注意保护头部。

注意避开高大的建筑物和悬挂在高处的危险物。

要远离变压器、高压线，以防触电。

如果在野外，要迅速离开山边、水边等危险环境，以防被滚落的石头砸伤，或者因河岸坍塌而落水。

做一下安全笔记吧！请将你的感想写（或画）下来。

遭遇火灾怎么办

➡ 提前预防最关键

为确保起火时能够快速找到并使用消防器材，请不要擅自挪动、破坏楼道里的消防器材。

如果发现消防通道被堵塞或封闭，可以拨打 12345 向有关部门举报火灾隐患。

如果学校组织消防安全演习，一定要认真参加。

未熄灭的烟头的中心温度最高可达800℃，足以点燃棉、麻、毛织物以及家具等可燃物，引起火灾。

注意用电安全。使用不合格的电线或插座，很容易把电器烧坏，引起火灾。

使用电熨斗、电炉、
电热毯等电器后，
如果忘记拔掉插头，
很可能引起火灾。

如果发现家中燃气
泄漏，要赶紧开窗
通风，千万不要使
用任何电器和明火。

乘坐公共交通工具
时，一定不要携带
烟花爆竹等易燃易
爆物品。

➡ 火场逃生别慌张

火警电话是 119。撤离到安全地点后，应及时报警。千万不要谎报火情。

遇到火灾，儿童应该赶紧想办法逃生自救，到达安全地点后再报警。

身上着火时，不要奔跑，应该脱掉衣服将火踩灭，或就地打滚儿将火扑灭。

应按照安全出口的指示标志，尽快从安全通道或室外消防楼梯安全撤出，不要乘坐电梯。

如果通道被烟火封锁了，应该背向烟火方向撤离，逃往天台、阳台等露天环境。

逃生时为防止吸入浓烟，可用湿毛巾捂住鼻子，匍匐或弯腰撤离。穿过烟火封锁区时，可用湿棉被、湿毯子等将身体裹好再冲过去。

你可以利用房屋的阳台、雨棚等逃生，也可将床单结成绳索逃生。

如果被困在2层以下，不得不跳楼逃生时，要先向地面抛一些厚棉被、垫子，然后手扶窗台往下滑，缩小高度，并保证双脚先落地。

 做一下安全笔记吧！请将你的感想写（或画）下来。

台风来了怎么办

➡ 做好准备很重要

要提前准备好手电筒、手机、食物、饮用水及常用药品，以备急需。

尽量待在室内，减少外出。

检查门窗是否坚固，关好门窗。

将养在室外的小动物和植物移至室内，如果是拿不走的物品，一定要加固好，防止被风吹走。

确保家里的排水管道排水畅通，以防积水。

➡ 台风来时要小心

切勿靠近窗户，以免被窗玻璃破碎产生的碎片划伤。

台风来临时外出非常危险，除了有摔跤的风险外，还有可能被高空坠落的物体砸到。

当自己或者他人遇到危险时，及时拨打119、110和120求救。

台风刚刚离开时，不要在河边、湖边或者海边玩耍，有些水域虽然看起来风平浪静，但里面往往危机四伏。

做一下安全笔记吧！请将你的感想写（或画）下来。

洪水来了怎么办

➡ 洪水来临

> 猫王，快走吧!

> 我舍不得我的纯金雕像!

收到洪水预警后，要尽快撤离到指定地点，不要舍不得金钱、玩具和其他物品，自己的安全是第一位的。

> 我错了，不该用塑料瓶塞沙袋。

> 虽然这沙袋挡不住水，但好歹我们能抱着它漂。

为防止洪水涌入室内，最好用装满沙子、泥土和碎石的沙袋堵住大门下面的空隙。

如果在室内突然被洪水包围，可以利用门板、木床等暂时避难。

如果在室外突然遇到洪水，要立即爬上屋顶、楼房的高层、大树或者高墙，等待救援。

不要攀爬带电的电线杆、铁塔。

如果不小心被卷入洪水，一定要尽可能抓住固定的或者漂在水面的东西，并向他人求救。

➡ 洪水过后

返回家后，先不要进屋，通风半小时，防止燃气泄漏带来的危险。

洪水过后，有时候会暴发流行性疾病，要听从政府或学校的安排，必要时，可以在医生的指导下，注射疫苗或使用防疫药物。

注意搞好个人卫生和环境卫生，及时清理垃圾，不要直接接触不卫生的东西。

洪水过后，进行室外活动时要尽量穿长袖长裤，扎紧裤腿和袖口，防止蚊虫叮咬，暴露在外的皮肤要涂驱蚊液。

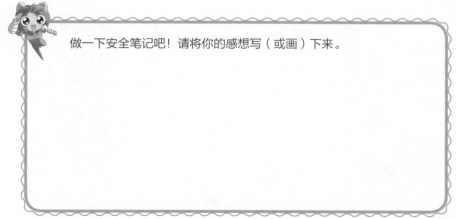

做一下安全笔记吧！请将你的感想写（或画）下来。

急救常识知多少

➡ 流鼻血时怎么办

刚和一只猴子抢香蕉，结果挨了它一棍子……

他这样仰着头，鼻血不会流入呼吸道吗？

小牛的身体结构和别人不一样，没看到他把鼻血都喷出来了吗？

如果由于外伤造成鼻子血流不止，千万不要仰着头，这样血会流入呼吸道，严重时会造成窒息。

坐下来，张开嘴巴，捏住鼻子……

喂，你往哪儿坐啊？压死我了！

正确做法是：坐下来，身体稍前倾，用嘴呼吸。用大拇指和食指捏住鼻翼两侧，朝后脑勺方向稍用力挤压 10 分钟。

➡ 被烫伤后怎么办

被烫伤后，不要涂牙膏，因为其中的薄荷成分虽然能让烫伤处暂时感觉清凉，但很容易滋生细菌。此外，涂酱油也是错误的做法。

如被烫伤，应立即用凉水冲洗患处，迅速降温，再用纱布包裹患处，保持患处清洁和干燥。如果起了燎泡，千万不要刺破。

➡ 异物卡住喉咙怎么办

吃坚果时很容易卡住喉咙，所以吃的时候要专心，不要边玩边吃。

鱼刺卡住喉咙时，靠吞咽食物不一定能把刺顺下去，还可能造成食道出血。喝醋也不能软化鱼刺。

如果被鱼刺卡住了，要让喉咙放松。因为一旦紧张，肌肉就会收缩，鱼刺会卡得更紧。

不要大口吞米饭或馒头，这样不仅不容易带走喉部的鱼刺，还有可能导致鱼刺划伤食道。

如果鱼刺不大或者扎得不深，可以张大嘴巴，让大人看准鱼刺的位置，用镊子将鱼刺小心取出。

如果发现鱼刺太大或者扎得太深，应该及时就医。

如果能看见刺，就直接用洗净的手或镊子把刺取出。若看不见鱼刺或被鱼刺卡到的人已不能说话，应及时就医。

吃东西的时候，要细嚼慢咽，不要狼吞虎咽，否则容易造成喉咙被异物卡住。

如果异物卡住了喉咙，一定要赶紧向身边的大人求助。千万别大意，以为多咳嗽几下就能把异物咳出来。

有些常用的急救方法，其实是错误的。以拍背为例，这种做法非但不能帮助排出异物，还会延误抢救时间。

如果异物卡在了气道里，可以用海姆立克急救法进行救助。

警告：如果情况严重，使用以上方法均无法缓解，一定要赶紧去医院！

做一下安全笔记吧！请将你的感想写（或画）下来。

校园安全

校园安全知识多

➡ 使用文具懂安全

不要用笔尖对着自己或他人，以防把自己或他人扎伤。

不要用彩笔在皮肤、衣服上乱画，因为彩笔的墨水中往往含有一些对人体有害的化学物质。

画完画后，要赶紧去洗手，把手上的颜料洗干净。

有的文具有香香的味道，但它们里面含有的化学物质对人体有害，所以不能去咬它们。

儿童应该使用钝口圆头的儿童专用剪刀。

使用圆规、小刀等尖锐文具时，一定要小心。千万不能把它们放在口袋里，更不能拿着它们跑跳、打闹。

文具使用完后，要及时收拾好，不要随手乱放。

➡ 课间活动懂安全

课间要做一些简单易行的运动，比如课间操，不要做剧烈运动。

课间，很多人都会出教室活动，门口一般会很拥挤，要小心避让。

为了防止拥挤，我们班采取单双号限行的方式。现在，学号是单数的同学可以出入教室。

不要在教室或楼道里追逐打闹，这样做很容易碰到桌椅、门、墙壁或其他同学。

我跑步的速度很快，跑100米只需要11秒！

我10秒就能跑完100米，所以我肯定能追上你。

他们怕被老师责备，不敢追逐打闹，现在只能在嘴上决胜负了……

在户外追逐打闹也很危险。在奔跑中猛然回头、转身或变向，很容易与他人发生碰撞。

我和小马在操场上你追我赶，玩得正欢，没想到，我一个急转弯，撞到了豪猪同学……

小牛，你怎么了？

上下楼时要靠右走，不要奔跑，以防踏空。

在人多的地方，尽量不要弯腰拾东西、系鞋带。要和别人保持距离，避免冲撞，防止踩踏。

叠罗汉、跳山羊等游戏有一定危险性，若在没有成人监督和保护的情况下玩这类游戏，有可能会发生意外。

很多攀爬行为很危险。比如，攀爬窗台、爬篮球架、爬树等。

不要把打火机、弹弓等危险物品带进校园，也不要手持圆规、小刀、露出笔尖的笔追逐打闹。

如果和同学发生冲突，要谦让。如果自己解决不了，要赶紧告诉老师，千万不要和同学动手打架。

➡ 打扫卫生懂安全

不要拿教室里的劳动工具打闹，以免弄伤自己或他人。

需要登高打扫卫生、取放物品时，要请他人保护，防止摔伤。

要小心开关门窗，以免夹手。

不要将身体探出窗外，避免发生坠楼事故。

擦拭电器前，一定要先切断电源，以免触电。

➡ 体育锻炼懂安全

一定要服从老师的安排，在老师的指导下做运动。

老师，我们跑完 10 圈了。

很好，准备活动做充分了，下面准备上课！

体育活动前必须做好充分的准备活动，结束时同样要做好放松整理活动。

英熊跑步时，总是笑嘻嘻的，结果一只鸟飞进了他的嘴里。

呜……

!!

运动时不要嘻嘻哈哈，那样很容易受伤。

他本来只是轻微扭伤，可大象同学帮他揉了一下之后，腿好像断了……

一旦受伤，不要着急，乱动乱揉可能会加重伤势，要请校医来处理伤处，彻底养好伤后再运动。

➡ 着装得体很重要

上体育课，要穿宽松合体的衣服，最好穿运动服，不穿纽扣多、拉锁多或者有金属饰物的衣服。

上体育课一定要穿运动鞋。

不要佩戴金属或玻璃装饰物，衣服上不要别胸针、校徽、证章等，女生不要戴发卡。

口袋里一定不要装钥匙、小刀等坚硬、尖锐锋利的物品。

平时戴眼镜的同学，上体育课时尽量不要戴眼镜。

如果必须戴眼镜，做动作时一定要小心谨慎。做垫上运动时，必须摘下眼镜。

跑步时撞到一起，极有可能受伤。所以，在短跑时，一定不要串道。

在跳高训练前，一定要准备好厚度合适的垫子。

跳远时，必须严格按老师的指导助跑、起跳。起跳前，脚要踏中木制的起跳板；起跳后，要落入沙坑中。

在进行投掷训练时，如投掷铅球、铁饼、标枪等，一定要按老师的口令进行，令行禁止，不能有丝毫的马虎。

做单、双杠动作时，要确保双手握杠时不打滑，避免从杠上摔下来。

在垫上进行前后滚翻、仰卧起坐时，一定要认真，不能嬉笑打闹，以免扭伤。

在进行跳马、跳箱等跨越训练前，器械前要放好跳板，器械后要放好保护垫。进行训练时，要让老师在旁保护。

在进行对抗性强的运动时，既要学会保护自己，也不要在争抢中蛮干而伤及他人。自觉遵守比赛规则非常重要。

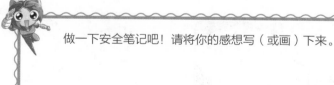

做一下安全笔记吧！请将你的感想写（或画）下来。

如何面对校园暴力

➡ 作为当事人应该怎么做

平时与同学相处要团结和睦，减少自己独处的时间，多和大家在一起。

尽可能远离那些爱欺负人的同学。

不要一个人在学校逗留到很晚，回家的路上要结伴而行。

当你受到欺负无法求救时，不要激怒对方，要先保证自己的人身安全。

如果被欺负，不要害怕，应该积极主动地及时将具体情况告诉老师和家长。

不要用暴力手段报复欺凌者，要学会使用法律武器。

➡ **作为旁观者应该怎么做**

见到有同学被欺负，要及时向老师和家长反映。

帮忙收集欺凌事件的录音、视频、聊天记录等证据，协助老师和家长惩治欺凌者。

不要害怕那些欺凌者，更不要做他们的帮凶。

面对被欺负的同学，要多多给予他们安慰和鼓励。

 做一下安全笔记吧！请将你的感想写（或画）下来。

居家安全

在家也要懂安全

➡ 卫生间使用要注意

爸妈不在家，我就把班里的同学都叫到我家来一起洗澡了。

……

如果爸爸妈妈不在家，最好不要洗澡，更不能把卫生间的门反锁。

我想把热水器电源关上再洗澡，可一关上电源，热水器就不出水了。

对不起，这个热水器是我自制的，可能线路有问题……

要使用正规厂家生产的电热水器。洗澡之前，最好关闭电源，以防漏电。

洗澡时，一定要穿防滑拖鞋。

如非必要，洗澡时不要使用浴霸。浴霸灯泡的强光很容易灼伤小朋友的眼睛，影响小朋友的视力。

在使用浴霸时，一定不要直视浴霸灯泡。

在卫生间里，不要蹦跳、玩耍，以免摔伤。

在浴缸里洗澡时，一定不要玩潜水憋气的游戏，这样很容易溺水。

放洗澡水时，不要直接把水温调得过高，以免烫伤。

洗澡的时间不宜过长，否则很容易头晕，甚至窒息。

洗澡时，一定要注意通风。

触摸任何一种电器之前，一定要把手擦干。

在卫生间最好使用防水插座。如果没有防水插座，最好用透明胶带将它封住，以防漏电，待换成防水插座后再使用。

➡ **厨房安全隐患多**

大人炒菜时，小朋友要离远点儿，以免被热锅或锅里溅出来的热油烫伤。

炒菜做饭后，要和父母一起检查灶台，以免发生火灾等危险情况。

锅里冒出来的蒸汽温度很高，很容易把人烫伤。

厨房里有很多尖锐的刀具或沉重的厨房用具，很容易把小朋友划伤、砸伤。

厨房里电器很多，环境又相对潮湿，很容易发生漏电。

厨房的地面相对比较湿滑，小朋友在里面很容易摔倒、磕伤。

→ 阳台安全全知道

不要蹬踏阳台上的花盆、纸箱等不稳固的物体。

千万不要在阳台上追逐打闹。

不要在阳台上放风筝，玩气球，更不要在阳台上放鞭炮。

不要伸手去够阳台外面的东西，以免身体失控坠楼。

站在阳台上向远处眺望，或与楼下的小伙伴打招呼时，不要把身体探出阳台，以免失去平衡，从楼上坠落。

即使阳台安装了防护窗，也不能把身体探到防护窗外面，因为这样做很可能被卡住。

不要从阳台上往楼下丢东西，这样不仅会破坏环境卫生，还可能砸伤楼下的行人。

➡ 独自在家要听话

独自在家时，不要乱翻东西，以免对自己造成不必要的伤害。

火、电、药品都很危险，小朋友不要因为好奇，就趁爸爸妈妈不在家的时候去碰这些危险的东西。

独自在家时，千万不能随便离开家。

不要让爸爸妈妈把你反锁在家。

独自在家的时候，一定要锁好家里的防盗门，以防坏人进入。

如果有人敲门，小朋友可以从门上的猫眼向外看，如果对方是陌生人，一定不要开门。

如果独自在家，有陌生人说他是收费员或者快递员，可以让他换个家人在的时间来。

如果外面的人自称是爸爸妈妈的朋友，一定要先给爸爸妈妈打电话问明情况。

如果听到撬门的声音，可以大声喊："爸爸，有人在撬门！"这样，小偷认为家里有大人，就不敢进来啦。

如果发现家里来了小偷，千万不要喊叫，更不要试图拿走自己珍爱的东西，要先躲到安全的地方，伺机溜出门报警或找邻居帮忙。

➡ 细心吃饭别着急

不能一边吃饭一边说话，否则食物容易呛到气管里，严重的话会引起窒息。

不要狼吞虎咽，这样既容易被噎到，又容易将大量气体带到体内，导致腹胀、消化不良。

饭桌上，虽然好吃的东西很多，但一定要合理控制食量。

在家喝热汤时，一定要把汤吹凉一些再喝，以免被烫伤。

喝水的时候不能太着急，以免被呛到。

不要随意拉动桌布，以免桌子上的东西倾倒或掉下来砸伤人。

不要把餐具当玩具玩，如果把餐具打碎了，容易伤到人。

➡ 饲养宠物要注意

尽量养些温顺的宠物。

把宠物带回家之前，一定要给它做个全面体检，给它驱虫、打防疫针。

不要和宠物睡在一张床上，否则宠物身上的病菌和寄生虫就会跑到你身上。

要友好地对待宠物，不要用力抓挠宠物，以免激怒它们。

在没有大人陪伴的情况下，不要擅自给宠物喂食。

千万不要在宠物睡觉或吃东西的时候打扰它。

要养成摸过宠物马上洗手的好习惯。

如果家里有客人来访，不要让宠物围绕在客人周围。

如果被宠物咬伤或抓伤，要马上用大量肥皂水反复冲洗伤口，减少病菌入侵。

冲洗完伤口后，先不要着急包扎伤口，应该赶紧去医院做进一步治疗。

做一下安全笔记吧！请将你的感想写（或画）下来。

使用天然气、电器要注意

➡ 天然气泄漏怎么办

怀疑天然气泄漏时，如果有大人在家，应该第一时间告诉他们。

没有大人在家时，应该尽快跑到空气流通的地方，向大人求助。

天然气泄漏时，千万不要使用电器，比如开灯、打电话、打开排风扇等，更不能使用明火，以免引起爆炸。

➡ **安全使用微波炉**

不要将金属器皿或者有金属装饰的器皿放入微波炉，这样做很可能产生火花，甚至引起爆炸。

密封的包装袋，不能直接放入微波炉加热，这样做会导致包装袋胀破，严重的还会引起爆炸。

不要把装有食物的普通塑料容器放入微波炉加热，因为高温会使普通塑料容器变形，且普通塑料受热后会释放出有毒物质。

不能直接用手拿微波炉刚加热好的食物。可以打开微波炉，等食物稍微冷却再拿出来，或使用专用隔热手套将食物取出。

➡ **电风扇也会"咬"人**

电风扇开启后，一定不要离它太近，更不能用手指或其他物品去触碰正在旋转的扇片。

头发长的女孩要远离旋转中的电风扇，以防头发被绞进去。

➡ **电器内部很危险**

千万不要钻进洗衣机里，也不要将身体的任何部分伸进洗衣机里。

千万不要钻进冰箱里，一旦被困住，后果不堪设想。

使用特殊物品须当心

➡ 使用体温计要小心

使用水银体温计时要当心。体温计损坏后，它的玻璃碎片很容易把人划伤，流出的水银还可能使人中毒。

量体温的时候一定要安静坐好，不要乱动，更不能把体温计当成玩具。

如果不小心咬碎了体温计，导致水银进入嘴里，小朋友要马上让爸爸妈妈带着去医院。

如果体温计碎了，千万不要捡玻璃碎片，更不要碰流出的水银，要用纸把它盖上，请大人来处理。

➡ **使用化妆品要注意**

成人用的化妆品中含有的一些化学成分，会伤害小朋友的皮肤，因此小朋友一定要使用正规的儿童专用护肤品。

据说这是最新研制出的一款儿童护肤品，有很多功效。

这个说明书未免也太复杂了。

估计小学毕业我们也看不完。

即使使用儿童专用护肤品，也要先仔细阅读包装上的说明，按照说明使用。

《大闹天宫》演完了，我帮你把脸上的妆卸了。

哇哇！好疼啊！我本来就是猴子！

建议小朋友平时不要化妆。如果因为表演节目而化妆，一定要在表演结束后及时卸妆。

喝完你桌上那罐汤，我就呕吐不止。

那是我研制的麻辣豆腐味香水，不能喝的！

有些化妆品闻起来香喷喷的，小朋友千万不要把它们当成吃的。

➡ 佩戴眼镜要小心

小朋友不要随意戴别人的眼镜，不合适的眼镜戴上会感到眩晕，看不清路，很容易磕碰或摔倒。

戴上这副眼镜，我看起来很有学问吧？

当心！前面有电线杆。

平时戴眼镜的小朋友，每天入睡前一定要摘下眼镜，把它放在一个固定的、安全的地方。

我睡觉前把眼镜锁进了保险柜里，可不戴眼镜我看不清密码锁，打不开保险柜。真麻烦！

➡ 有毒的杀虫剂

杀虫剂有毒，使用时要注意喷口的方向，千万不要对着人喷射。

你怎么可以对着同学喷呢？

我没想到牛哥这么脆弱……

刚才喷杀虫剂之前，忘记把它收起来了。

这可是万年人参，现在到底还能不能吃啊？

使用杀虫剂之前，要把房间里的食品都放进柜子里，以免杀虫剂落到食品上。

看来我们要在外面过夜了。

牛哥，你到底喷了多少啊？

过去3小时了，屋子里杀虫剂的气味还没散尽。

如果房间里喷了杀虫剂，千万不要马上进入房间，要等杀虫剂的气味散了再进入。

我觉得恶心，是不是因为我刚使用了杀虫剂？

跟这没关系。你觉得恶心，是因为你不该吃肉。

使用杀虫剂之后，如果感到头晕恶心，要尽快到户外呼吸新鲜空气，症状严重的话，要立即去医院。

➡ 小男子汉不要剃胡须

不要模仿爸爸用剃须刀刮胡子,锋利的刀片很容易把脸划伤。

小朋友不要玩剃须刀,锋利的刀片很危险。另外,刀片上有很多细菌,一旦划破皮肤,很可能引起伤口感染。

➡ 别把打火机当玩具

不要拿打火机当玩具玩,以免被烧伤。

牛哥发高烧，导致口袋里的打火机爆炸了。

不要把打火机放在电暖器、电磁炉等发热的物品旁，废弃的打火机也不要扔进火堆中，以免引起爆炸。

班长，我看到牛哥在玩打火机，就用棒子打晕了他。

你下手太狠了！

如果看到其他小朋友在玩打火机，要及时加以制止。如果他不听劝阻，要及时告诉老师或他的爸爸妈妈。

做一下安全笔记吧！请将你的感想写（或画）下来。

出门前的注意事项

➡ **做好检查**

出门前一定要关紧所有水龙头。

切断家中除了冰箱、冰柜外所有电器的电源。

检查燃气，最好把家中的总阀门关掉。

如果用暖气取暖，离开家时不要关掉，以免管道被冻裂。如果用烤火炉、电暖器取暖，离家前一定要熄灭或关闭。

➡ 锁好门窗

出门时，一定要锁好门。

出门前，要锁好窗户。

⇒ **带好钥匙**

锁好门后，要把钥匙放在包里，不要拿在手里或挂在胸前，以防丢失或被坏人偷走。

如果发现钥匙孔被堵住了，有可能是小偷来过或正在屋里偷东西。这时要马上躲到安全的地方，给爸爸妈妈打电话或请大人帮助。

出行安全

乘梯安全知识多

➡ 搭乘电梯懂安全

老师说，乘电梯要有成年人陪同，可爸爸您是一只熊呀！

成年熊也是可以的。

儿童乘坐电梯时，需要成年人陪同。

新闻里说今天地震了，我们不要乘电梯啦！

这次地震发生在咕噜岛，不在咱们这儿。

发生地震、火灾时，一定不要乘坐电梯。如果电梯正在检修，或逾期未检修，也不要乘坐。

不要在电梯内蹦跳。

不要乱按电梯里的按钮，以免影响电梯正常运行。

当电梯门快关上时，千万不要强行冲进电梯。

早上 7:30。

别挤啦！否则我们上课都会迟到的！

乘坐电梯时，要做到先出后进，有序乘梯。

➡ 被困电梯如何做

被困电梯，等解救。

电梯里好闷，快救我出去。

我让你们报警求助，没让你们发微博求助！

被困在电梯里时，千万不要惊慌，要马上按下紧急求助按钮等待救援。如果手机可以使用，也 可 拨 打 110 或 119 寻求救援。

用炸弹把电梯门炸开怎么样？

不可以！

在电梯里耐心等待救援。千万不能用力扒电梯门，或者想别的办法逃出电梯，这样做容易发生新的危险。

发生坠梯时，应马上按下每一层楼对应的按钮，当紧急电源启动时，电梯便会停止继续下坠。

电梯下坠时，应该紧贴电梯内壁，弯曲膝盖，踮起脚，这样可以尽可能减小伤害。

➡ **搭乘扶梯懂安全**

儿童要在成人的陪伴下搭乘自动扶梯。

在自动扶梯入口处，人们要按顺序依次搭乘，不要相互推挤。

乘梯时，要扶住扶手带，面向扶梯运行方向，双脚应站在同一层踏板上。

一定不要在自动扶梯上反方向行走或奔跑。

一定不要攀爬、倚靠、翻越扶手带。

如果衣物被扶梯夹住，一定要叫大人来帮忙，不要试图自己把衣物拽出，以免发生危险。

不要将物品放在踏板或扶手带上，以防物品滚落伤人。

如果要带宠物搭乘自动扶梯，应把宠物抱在怀里。

不要将身体的任何部位伸到扶手带以外，以免造成不必要的伤害。

要集中注意力，尽快离开扶梯出口区域，不要逗留。

步行安全知识多

➡ 安安全全过马路

儿童要在成年人的陪伴下过马路。

过马路一定要走人行横道。

牛哥在绿灯闪烁时冲了过去，结果……

啊！

一定不要闯红灯、闯黄灯。绿灯闪烁时，应该耐心等待，等下一次绿灯亮起时再通过。

距离咱们 1000 米处有一辆汽车，等它停下来，咱们就可以通过了。

好！

当信号灯变绿时，要确定前方横向行驶的车辆完全停下后再过马路。同时，要格外小心转弯的车辆。

这是一头非常遵守交通规则的恐龙，它坚持要走地下通道。

地下通道

……

要认识"地下通道""过街天桥"等指路标志。在设有过街天桥或地下通道的区域，一定不要横穿马路。

过马路时不要听音乐、玩手机、看书，而要集中注意力观察路况。

过马路时，一定不要突然后退，这样做，很容易被那些想从你身后绕开的车辆撞到。

一定不要跨越交通护栏、护网和隔离带。

你书包里的一个东西掉在马路中间了，快找大人帮你捡回来吧。

那是我的零分试卷，我才不要捡回来。

手上拿的东西掉在车道上时，无论多着急，都不要跑过去捡。等车辆全部驶过后，再向大人寻求帮助。

➡ 避让车辆我在行

英熊去哪儿了？

他和我玩捉迷藏呢，躲在车后面，还以为我不知道呢。

啊！

要学会识别汽车上的指示灯，如左转向灯、右转向灯、倒车灯，以判断汽车移动的方向。

上次过马路，猎豹自以为跑得快，和汽车抢道，结果被撞断了腿。他现在终于知道要遵守交通规则了。

哼！

13

过马路时，一定不要想当然地认为汽车肯定会让着行人，就和汽车抢道。

在狭窄路段遇到汽车时，应该在道路旁边原地等待，等汽车通过后再走。

如遇公交车、大货车拐弯，一定要与它保持距离且耐心等待。离车太近，很容易被车尾"甩"到。

➡ **雨雪天步行要当心**

就算在人行道上行走，也要尽量靠里侧走，以防被侧滑的车撞到。

最好穿防滑鞋或旅游鞋，不要穿硬塑料底鞋，以防滑倒。

双手来回摆动能起到平衡身体的作用，所以在地面湿滑的地方，一定不要把双手揣在兜儿里行走。

不要把注意力全部集中在湿滑的路面上，而忽视了来往车辆。

横过马路时，要先站在路边调整好雨帽、雨伞的角度，不要让它们遮挡视线。

在湿滑的路面上，汽车的制动距离会大大延长，还可能出现刹车失灵的情况。所以，一定不要从车前穿行。

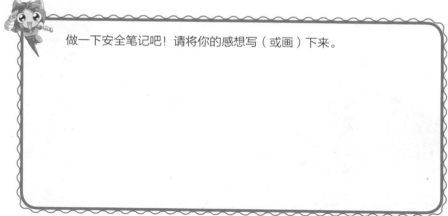

做一下安全笔记吧！请将你的感想写（或画）下来。

旅行安全知识多

➡ 乘坐汽车懂安全

您有硬壳保护，所以您就坐副驾驶位置吧！

发生交通事故时，通常坐在副驾驶位置上的人最危险。所以，小朋友不要坐在副驾驶位置上。

啊……这也太紧了吧！

我这可是星际飞车，速度很快。你一定要系好安全带！

坐在车上，一定要系好安全带，千万不要因为觉得勒得慌就不系。

乘坐汽车时，一定不要把头或手伸到窗外，也不要随意触碰车内按钮。

有的人会在车内摆放尖锐的、易碎的物品，一定要当心它们。当车辆发生碰撞时，车内摆放的小物件有可能会伤人。

在行驶的车上吃东西很危险，因为刹车或颠簸摇晃时，食物容易卡住喉咙，严重的话会引起窒息。

① PM2.5 指细颗粒物。

下车前一定要先观察旁边的路况，确定安全后再打开车门下车，以防被旁边行驶过来的车辆撞到。

➡ 乘坐火车懂安全

不要在站台上随意走动、奔跑。

不要在车厢内走来走去，因为火车在行驶中车厢会晃动，人很容易摔倒。

在火车上，如果周围有人吃泡面或喝热水，要和他们保持一定距离，以防被烫伤。

去洗手间要有成人陪伴，以防走失。

➡ **乘坐飞机懂安全**

飞机起飞前，会播放一段有关乘机安全的广播，一定要认真听并记牢。

飞机起飞和降落时，一定要听从机组人员安排，关闭手机或调成飞行模式。

飞机飞行过程中，一定要认真听广播并按照广播里说的做。

要随时系好安全带，以防在飞机起飞、降落或剧烈颠簸时被碰伤。如果自己系不好，就请空乘人员帮忙。

不要在机舱内随意走动，飞机颠簸时是很危险的。如果有任何需要，如取行李等，要叫空乘人员帮忙。

如果遇到紧急情况，要保持冷静，听从空乘人员指挥。

➡ **谨言慎行防坏人**

穿着要朴素，不要太引人注意。

不要轻易接受陌生人的帮助，以免遭到坏人的侵害。

出门时，不要带太多的财物，以免被坏人惦记。

不要同他人谈论家人或家里的事情，更不能炫耀自己父母的地位和财富。

不能随意和陌生人同吃同喝，即使对方特别热情，也要婉言谢绝。

→ **旅游安全**

认真听取当地导游有关安全的提示和忠告。

儿童应该时刻和父母在一起，不能单独行动。

这孩子为了不和我走散，竟然用强力胶水……

啊!

人流量大的地方，一定要牢牢牵住爸爸妈妈的手，以免走失。

这里太窄了，刚才有一头大象掉下去了。

!

!

经过危险地段，如陡峭、狭窄、潮湿、光滑的道路时，不要拥挤，更不能追逐打闹。

这就是传说中的 1080 度飞石桥吧! 我们爬上去看看。

还是算了吧，我可没这本事。

前往险峻处观光时要量力而行，不要逞强。

登山时，要根据自己的身体状况量力而行。

乘船游览时，要听从船上工作人员的指挥，必要时要穿救生衣。

乘坐缆车等观光工具时，应服从景区工作人员安排。遇超载或其他异常情况时，千万不要乘坐。

经过正在施工的地段，要走安全通道，不要随意进入施工现场。

➡ 住宿安全

入住酒店后，应了解酒店安全须知，熟悉酒店的安全出口、安全楼梯的位置和安全逃生的路线。

不要将自己住宿的酒店、房间号随便告诉陌生人，也不要在酒店大堂等公共区域大声谈论自己或同伴的房间号。

小朋友不要在晚上独自外出。

不要让陌生人进入房间。出入房间要锁好门。睡觉前一定要把门窗关好，一定要锁上保险锁。

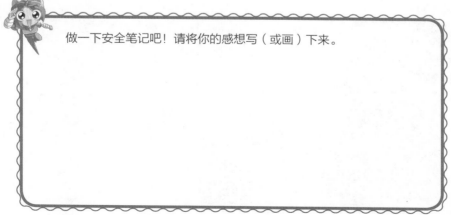

做一下安全笔记吧！请将你的感想写（或画）下来。

安全快乐去郊游

➡ 行车安全

等车时，要站在老师指定的位置，不要在车的前后跑动打闹。上、下车时不要拥挤，等车停稳后再行动。

行车途中，不要将手或头伸出窗外。

在车上不要随意走动，不喧哗，不打闹。

晕车的同学要坐在前排的座位，并提前准备好塑料袋，以防呕吐。

无论在高速公路休息区休息，还是由于其他原因停车，小朋友都要和大人待在一起，不要自己待在车内，以免发生意外。

➡ 游玩安全

不要擅自离开队伍。如果要上厕所，一定要跟老师打好招呼，经允许再去。

不要带贵重物品，以免丢失。一旦贵重物品丢失，小朋友就会四处寻找，容易走失。

不要未经过老师同意去买东西，这样做容易掉队。

一旦迷路，要尽快给老师打电话。如果没有带手机或电话手表，可以寻找公用电话亭，向老师说清自己的位置及附近的标志物。

尽量不要到人流密集的地方玩耍，以防发生踩踏事故。

不要在水边玩耍，以免溺水。

不要带尖利物品，以免刺伤自己或他人。

一定要听从老师指挥，在指定场所做游戏，不要乱跑。

不要攀爬树木，这样做容易摔伤。

➡ 野餐安全

不要带三明治、汉堡包这类容易变质的食品，因为它们在包里放久了，容易变质，吃了很可能会拉肚子。

一定不要在标明"严禁烟火"的地方生火。

如果野餐地点允许烧烤，在烧烤后一定要将炭火熄灭。待余焰彻底熄灭后才能离开。

不要采不认识的野菜、野果吃，以防食物中毒。

做一下安全笔记吧！请将你的感想写（或画）下来。

运动玩耍

科学运动健体魄

➡ 儿童不宜参加的运动有哪些

用后背撞树这种运动方式不适合儿童，因为儿童的脊椎还没发育成熟，这种运动很容易损伤脊椎。

去健身房练肌肉，对儿童来说是不适合的，因为儿童身体发育的规律是"先长个儿后长肉"，经常练肌肉反而不容易长个儿。

儿童不适宜在公共健身器械上运动，因为这些器械通常是根据成年人的身体条件设计的，儿童使用既不合适，也不安全。

玩滑板要做好防护。长期玩极限滑板，容易造成腿部肌肉过分发达，会影响儿童身体各部位的均衡发育，甚至会影响长个儿。

➡ **儿童适宜参加的运动有哪些**

跳绳能使儿童的四肢得到均衡的锻炼。

广播体操能使骨骼和关节得到很好的伸展，所以，做广播体操的时候可不要偷懒哟。

最好在塑胶跑道上跑步，还应当穿上鞋底有弹性的运动鞋。

滑冰可以提高身体的平衡能力和柔韧性。滑冰时，一定要正确佩戴护具。

打乒乓球不仅可以锻炼身体，还能预防近视。这是因为打乒乓球时眼球需要不断运动，这样做可以促进眼部血液循环。

游泳能促进呼吸肌发育，提高肺活量。但一定要到正规的场所游泳，游泳时要有大人陪同，以防发生意外。

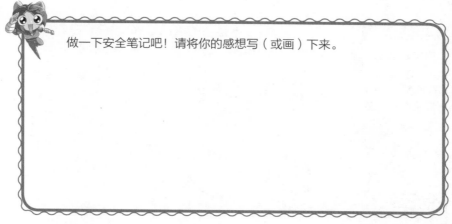

做一下安全笔记吧！请将你的感想写（或画）下来。

安全快乐水中游

➡ 游泳前的注意事项

这里真的是正规泳池吗？怎么还有鳄鱼呀？

鳄鱼是这里的救生员……

要到有救生员在场的正规泳池游泳，不要到野外的水域游泳。

你在发高烧，不该来游泳。瞧，泳池里的水都被你烧热了！

水好热呀！

这个泳池用的可能是温泉水。

好难受啊……

如果太饱、太饿或感到身体疲劳，就不要游泳。感冒、发烧或者身上有伤口时，更不能游泳。

下水前一定要认真做热身运动，否则下水后很容易抽筋。

下水前要戴好泳镜。如果不会游泳，一定要套好游泳圈再下水。

如果没有取得"深水合格证"，一定不要到深水区游泳。

➡ 游泳时的注意事项

跳水很危险，既容易伤到自己，也容易伤到他人！

可我是兔子呀！只会跳……

不要跳水或潜泳，也不要在水中做倒立等危险动作。

降龙十八掌！

排山倒海！

轰！轰！轰！

这两个家伙只敢在水里比武。

在水中不能打闹，以免呛水或溺水。

➡ 遇到危险怎么办

小马哥，别急着走啊！和我一起游泳好不好？

不好不好！看到你我就恶心，我需要上岸休息。

游泳时如果突然觉得身体不舒服，如眩晕、恶心、心慌、气短等，要立即上岸休息或呼救。

游泳时如果抽筋，一定不要慌张乱动。应该改为仰漂，并大声呼救。

如果发现有人溺水，小朋友不要下水救人，而应该大声呼救，寻求成年人的帮助。

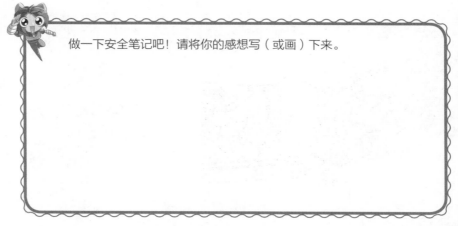

做一下安全笔记吧！请将你的感想写（或画）下来。

安全快乐放风筝

➡ 地点选择很重要

最好去郊外放风筝，如果在市区内放风筝，一定要选择平坦、空旷的地方。

不要在房顶等高处放风筝，以免摔伤。

不要在公路或铁路两侧放风筝，这样很容易引发交通事故。

不要在高压线附近放风筝，这样做可能会造成电力设备损坏。严重时，甚至会导致人员伤亡。

不要在高架桥附近放风筝，因为风筝一旦断线，有可能落到行驶的汽车上，阻挡司机视线，引发交通事故。

放风筝要远离人群，因为绷紧的风筝线非常锐利，容易把人割伤。

➡ 放风筝时多观察

儿童放风筝时要有大人陪伴。

放风筝时经常会倒着走，所以一定要注意周围环境，以免摔伤。

放风筝时，最好戴上手套，以免手被风筝线割伤。

不要把风筝放得太高，遇到风速较大时要及时收线。

风筝断线后，应该尽可能多地收回断线，以免风筝线割伤他人。

最好选择颜色醒目的风筝线，或者在风筝线上系上标志物，提醒他人注意。

万一风筝被高压线缠绕，一定不要自己拉扯风筝线。要尽快拨打95598，通知电力部门，请专业人员进行处理。

留意天气变化，如遇雷雨天气，应马上停止放风筝。

安全快乐去滑雪

➡ 准备工作要做好

初到滑雪场，应先了解滑雪场的大概情况，记住地图上各种设施的位置，认清警示标志。

这个雪场情况真复杂，竟然还有雪怪……

……

滑雪是一项高消耗的运动，所以，滑雪前一定要补充热量，不要饿着肚子滑雪。

不能饿着肚子滑雪，我要先吃饱。

你已经吃了我一个月的粮食了……

滑雪之前，一定要充分进行热身运动，让身体的各个关节活动开，避免身体因运动量突然加大而受伤。

租用雪具时，要认真检查雪具是否完整、有无破损，如有缺件或损坏，要及时更换。

最好穿色彩鲜艳的专业滑雪服滑雪，以便被别人发现。

进行滑雪运动时一定要佩戴专业的滑雪手套和头盔，避免划伤和冻伤。

滑雪时，一定要佩戴专业的滑雪镜，因为雪地会反射阳光，会非常刺眼，严重时会造成雪盲。此外，冷风对眼睛的刺激也很强。

➡ 滑雪时要当心

要听从教练和工作人员的安排，量力而行。在未达到一定水平时，不可擅自到对技术要求更高的雪道滑雪。

注意索道开放和关闭的时间，不要在无人看守时乘坐。

在滑行中不要在雪道上横冲直撞，相互追逐，要有节奏、守规则地滑行。

不能停留在雪道上休息，以免被别人撞到。

滑雪时，碰撞是非常危险的。所以，在紧急情况下，宁可自己摔倒，也不要与他人发生碰撞。

摔倒后，不要挣扎，尽量用背部着地，四肢稍微抬起，让身体自然滑行，直到停止。一定要避免翻滚。

发现他人受伤时，千万不要手忙脚乱地去处理或挪动伤员，应尽快告知雪场专业救护人员。

安全快乐去滑冰

➡ 准备工作要做好

在这儿滑冰真的安全吗？

放心！水面都被冻住了！

嘿嘿，就等你们掉下来……

要去正规的滑冰场滑冰，不要到冻结的河面或者湖面滑冰，容易发生危险。

这些都是我家柜门的钥匙，每个柜子里都装着我以前写过的作业，我一刻都不想和它们分开。

你干吗在滑冰的时候装这么多把钥匙？

滑冰之前要检查随身物品，滑冰时身上不要带太硬的东西，如钥匙、小刀、手机等，以免摔倒时碰伤自己。

提前先做好热身活动，尤其是手腕、膝盖和脚踝，要充分活动开筋骨，避免运动时抽筋或拉伤。

滑冰时要戴好护具。穿冰鞋时，要将鞋带绑得松紧合适，如果太松会让脚在鞋里晃动，导致站立不稳；太紧会让双脚血液循环不畅。

➡ **危险动作危害大**

不要做危险或者妨碍他人的动作，如几个人拉手滑行，在冰场上逆行，乱蹦乱跳，在场内追逐打闹，等等。

安全快乐踢足球

➡ 准备工作要做好

踢足球,要穿足球袜、足球鞋,佩戴护腿板。

➡ 踢球时要守规矩

不要模仿职业球员做高难度动作,否则很容易受伤。

踢球时切记不能发呆，要保持注意力集中，否则可能会被突然飞来的球打到，或被跑来的人撞到。

不要滑铲，更不要从他人身后滑铲，这样很容易使他人或自己受伤。

不要往人身上大力踢球，不要推打和拉扯他人。

爆竹声里说安全

➡ 购买爆竹

必须在有销售许可证的专营场所选购烟花爆竹。

我们只能购买小型烟花,大型烟花只有取得焰火燃放许可证的专业人员才能燃放。

➡ 燃放爆竹

未成年人应当在家长或其他成年监护人的指导下燃放烟花爆竹。

即使是小型烟花爆竹，也不能在室内燃放。

燃放烟花爆竹时，要注意避开人群。

燃放烟花爆竹时一定要远离草堆、电线等易燃物。

当引线熄灭时，不要凑近去查看，也不要尝试再次点燃引线。

观赏烟花时，要保持一定的安全距离。

小鞭炮要放在地面上，将引线朝上来点燃。千万不要把鞭炮拿在手里燃放。

有你的前车之鉴，即使是燃放这样的小鞭炮，我也会特别小心。

没想到小鞭炮的威力竟然这么大……

燃放烟花爆竹不仅会造成空气污染，还可能引发安全事故，所以应尽量少燃放烟花爆竹。

瞧！我们今年改在电视上玩燃放烟花爆竹的体感游戏。

做一下安全笔记吧！请将你的感想写（或画）下来。

公共安全

公共场所安全知识多

➡ 在商场、超市的安全知识

商场、超市等购物场所格局复杂，人也很多，小朋友如果跟家长一起去购物，一定要紧紧跟在家长身边。

如果不小心和家长走散了，可以向商场的工作人员求助，不要轻信陌生人。

逛超市时，如果想拿货架高处的商品，要请爸爸妈妈帮忙。

在商场、超市不要乱跑，更不要和家长玩捉迷藏。

➡ **在游乐场的安全知识**

在游乐场玩耍时，不要穿长裙或者过于复杂的衣服。

认真阅读游戏说明，严格按照说明上对年龄、身高、体质等方面的要求参加游戏，不要玩不适合自己的游乐项目。

在乘坐游乐设施时，要按照要求系好安全带，不要突然站起来，以免在运行中被甩出去或跌落。

乘坐旋转、翻滚类游乐设施前，请务必将眼镜、相机、提包、钥匙、手机等容易掉落的物品托人保管，以防在乘坐游乐设施时掉落。

游乐设施一旦发生故障就要停止运行。小朋友不要因为好奇，偷偷进入停止运行的游乐设施玩耍。

➡️ **在电影院的安全知识**

电影院放映厅的入口比较窄，人比较多，小朋友应该紧跟着爸爸妈妈排队入场。

电影开场前，小朋友最好提前去一趟厕所。

电影开场后，小朋友不要随便离开座位，以免在漆黑的环境里跌倒或迷路。如果在电影开始后需要离开座位，一定要让家长陪同。

电影院内光线昏暗，容易丢失物品。小朋友要妥善看管好随身物品，贵重物品要交给家长保管。

如果看电影时突然停电，不要大喊大叫，不要乱跑，要安静地等待工作人员说明情况。

看电影时一旦发生火灾，不要不顾一切往外跑，应该按照应急指示灯指示的方向离开。

干吗穿这种图案的衣服？还是荧光的。害我把你当紧急出口，跟着你跑了半天。

对……对不起……

安全出口

➡ **在动物园的安全知识**

观看动物时要和动物保持距离，不要趴在栏杆上，更不要跨过栏杆。

早就告诉过你，不要趴在栏杆上。

不要挑逗动物，尤其不要挑逗凶猛的野兽，以免激怒它们从而伤到自己。

你为什么要挑逗那头公牛？

我只是想抖抖床单，谁知道它在对面啊?!

即使是性情温顺的动物，小朋友也不要和它们过分亲近，以防小动物携带的病菌传染给你。

人被动物咬伤、抓伤后有可能感染狂犬病，因此，一旦受伤，必须第一时间到正规医疗机构注射疫苗。

➡ **看球赛的安全知识**

场馆入口往往人比较多，要有序排队入场。

一定要凭票入场，不要为了逃票钻栏杆、墙洞，这样的行为不但不文明，还容易发生危险。

不要趴在看台边缘观看比赛，以防被拥挤的人群挤下看台。

比赛过程中，不要突然跑到赛场里，这样做既会影响比赛，又容易受伤。

观看比赛时，要尽量远离情绪过于激动的观众，以免被误伤。

不要向赛场内投掷物品，这样很容易砸伤场上比赛的选手。

➡ **在书店的安全知识**

如果想要的书被放在高处，不要试图爬上书架、向上跳跃或借助其他物品去够书，以免把书架撞倒，应请工作人员帮忙。

在书店看书时，不要席地而坐，这样不但不文明，而且很可能被人踩到，或者绊倒别人。

做一下安全笔记吧！请将你的感想写（或画）下来。

上网安全知识多

➡ 上网安全请父母把关

要先和父母约定好上网的时间。一般每次不要超过1小时，每天累计不超过3小时。

没有经过父母同意，不要把自己及父母家人的真实信息，如姓名、家庭住址、学校等，在网上告诉其他人。

加入某个QQ群、微信群前，一定要告知父母，必要时由父母确认该群是否适合你。在群里，不要发表没有根据或不负责任的言论。

要在父母的帮助下进行网上购物，谨防上当受骗。

在网上，当某个人提供给你免费的东西，比如礼物或钱时，要立即拒绝并告知父母。

未经父母同意，不要和任何网友见面。如果确定要与网友见面，必须经父母同意，并在其陪同下进行。

如果收到垃圾邮件，如一些主题为问候、中奖的邮件，应立即删除。若有疑问，立刻请教父母、老师如何处理。

➡ 上网时远离不良内容

不要浏览儿童不宜的网站或栏目。如果在网上看到让自己感到不舒服的内容，应立即关闭网页。

玩网络游戏时，要选择适合自己年龄段的游戏，不要去玩那些不符合自己年龄段的血腥、暴力游戏。

不要在网络上发表对别人有攻击性的言论，也不要转发谣言和可能触犯法律的言论。

做一下安全笔记吧！请将你的感想写（或画）下来。

图书在版编目 (CIP) 数据

安全第一：给孩子的 24 个安全自护锦囊 / 宋辰，王澍编绘 . — 北京：中国法制出版社，2023.10

ISBN 978-7-5216-3742-7

Ⅰ . ①安⋯　Ⅱ . ①宋⋯　②王⋯　Ⅲ . ①安全教育 – 少儿读物　Ⅳ . ① X956–49

中国国家版本馆 CIP 数据核字（2023）第 120913 号

策划编辑：赵　宏　陈晓冉
责任编辑：陈晓冉　　　　　　　　　　　　　　封面设计：蒋　怡

安全第一：给孩子的 24 个安全自护锦囊
ANQUAN DIYI: GEI HAIZI DE 24 GE ANQUAN ZIHU JINNANG

编绘 / 宋　辰　王　澍
经销 / 新华书店
印刷 / 应信印务（北京）有限公司
开本 / 880 毫米 × 1230 毫米　32 开　　　　印张 / 5.5　字数 / 118 千
版次 / 2023 年 10 月第 1 版　　　　　　　　2023 年 10 月第 1 次印刷

中国法制出版社出版
书号 ISBN 978-7-5216-3742-7　　　　　　　　　　　定价：39.80 元

北京市西城区西便门西里甲 16 号西便门办公区
邮政编码：100053　　　　　　　　　　　　　　　传真：010-63141600
网址：http://www.zgfzs.com　　　　　　　　编辑部电话：010-63141835
市场营销部电话：010-63141612　　　　　　　印务部电话：010-63141606
（如有印装质量问题，请与本社印务部联系。）